Folkert J. Herlyn

„Herausforderungen der Landwirtschaft
in der Krummhörn früher, heute und morgen
in Zeiten des Klimawandels"

Folkert J. Herlyn

„Herausforderungen der Landwirtschaft in der Krummhörn früher, heute und morgen in Zeiten des Klimawandels"

Eine Veranstaltung in der IGS Krummhörn-Pewsum

am 16.1.2025

ISENSEE VERLAG
OLDENBURG

Lektorat: Folkert Herlyn / Michael Schildmann

Photographie:
S. 8, 9, 15, 16, 35 Bodo Herlyn
S. 18, 19, 22, 23 Entwässerungsverband Emden
S. 21, 25, 27, 30, 32, 38, Front und Rückcover: Folkert Herlyn
S. 39 Michael Schildmann (Kühe)
S. 36 Landesarchiv Aurich (Sonnenuntergang)
S. 40 Archiv Ostfriesische Landschaft

Diagramme: bei den jeweiligen Rednern

Layout und Umschlaggestaltung: Stefanie Tegeler, Isensee Verlag Oldenburg

Bibliografische Information der Deutschen Bibliothek

Die Deutsche Nationalbibliothek verzeichnet diese Publikation in der Deutschen Nationalbibliografie; detaillierte bibliografische Daten sind im Internet über http://dnb.d-nb.de abrufbar.

ISBN 978-3-7308-2250-0

Gedruckt bei Isensee in Oldenburg

Inhaltsverzeichnis

Vorwort

Ostfriesland steht seit jeher im Spannungsfeld zwischen Mensch und Natur. Die einzigartige Küstenlandschaft, geprägt durch Deiche, Marschland und ein empfindliches Ökosystem, macht die Region nicht nur zu einem historischen Zentrum der Landwirtschaft, sondern auch zu einer Modellregion für den Umgang mit den Herausforderungen des anthropogenen Klimawandels.
Die Diskussion „Herausforderungen der Landwirtschaft in der Krummhörn – früher, heute und morgen in Zeiten des Klimawandels", die am 16. Januar 2025 in der Integrierten Gesamtschule Pewsum stattfand, verdeutlichte eindrucksvoll, dass der Klimawandel längst Realität ist. Die jüngsten Berichte zum Klimageschehen in Ostfriesland weisen auf steigende Temperaturen, intensivere Niederschläge und eine erhöhte Sturmflutgefahr hin – Entwicklungen, die direkte Auswirkungen auf den Küstenschutz, die Landwirtschaft und die Lebensweise der Menschen haben.[1]
Die Erkenntnisse des Club of Rome, der bereits in seinem bahnbrechenden Bericht „Die Grenzen des Wachstums" aus dem Jahr 1972 die negativen Folgen unkontrollierten wirtschaftlichen Handelns auf unsere Umwelt prognostizierte, gewinnen in diesem Kontext erneut an Bedeutung. Die Region Ostfriesland steht beispielhaft für die globalen Herausforderungen: Die Küstenlinie ist den Naturgewalten ausgesetzt, während die Landwirtschaft mit den Folgen eines veränderten Wasserhaushalts und extremeren Wetterereignissen kämpft. Doch genau hier zeigt sich die Innovationskraft der Region. Durch jahrhundertelange Erfahrung im Umgang mit Sturmfluten, steigenden Meeresspiegeln und veränderten klimatischen Bedingungen haben die Menschen hier ein tiefes Verständnis für nachhaltiges Wirtschaften und kluge Anpassungsstrategien entwickelt.
Das Projekt „KulTour-Innovationen für Ostfriesland" (KIO), initiiert von der Ostfriesischen Landschaft, greift genau diesen Gedanken auf. Es zeigt, dass Kultur, Geschichte und Innovation Hand in Hand gehen müssen, um den Herausforderungen der Zukunft zu begegnen. Indem Ostfriesland als Modellregion für nachhaltige Entwicklung und Klimaanpassung dient, gibt es wichtige Impulse für den globalen Diskurs.[2]
Der vorliegende Veranstaltungsbericht versteht sich als eine Einladung, aus der Vergangenheit zu lernen, die Gegenwart kritisch zu hinterfragen und gemeinsam die Zukunft zu gestalten. Möge es dazu beitragen, das Bewusstsein für die Besonderheiten der Krummhörn zu schärfen und die Innovationskraft einer Region sichtbar zu machen, die seit Jahrhunderten mit den Naturgewalten lebt – und sie meistert.

Dr. Welf-Gerrit Otto, Leiter der Regionalen Kulturagentur der Ostfriesischen Landschaft

1 Zum aktuellen Klimawandel vgl. Copernicus: European State of the Climate, Report 2024: https://climate.copernicus.eu/esotc/2024.

2 Zum Projekt der Ostfriesischen Landschaft vgl. Kulturagentur: KIO _ KulTour-Innovationen für Ostfriesland: https://kultur.ostfriesischelandschaft.de/kio/kultour-innovationen-fuer-ostfriesland-kio/.

Begrüßung durch Rico Mecklenburg, Präsident der Ostfriesischen Landschaft

Rico Mecklenburg begrüßte die Podiumsteilnehmer und die Gäste aufs herzlichste. Ihm war es eine besondere Freude und Ehre die Podiumsteilnehmer vorzustellen. Sie sind vom Klimawandel wie wir alle betroffen, sind aber auch Entscheider in ihrem jeweiligen Bereich für Anpassung im Küstenschutz, der Entwässerung und der Landnutzung.
Er begrüßte u.a. Gisbert Wiltfang, der über viele Jahre Oberdeichrichter für den Bereich der Krummhörn war.

Begrüßung durch Hilke Looden, Bürgermeisterin der Gemeinde Krummhörn

Hilke Looden begrüßte die zahlreichen Teilnehmer, die den Saal bis auf den letzten Platz füllten. Ihr ausführlicher Vortrag ist zum Abschluss dieses Berichtes eingebracht und lässt ihre enge Beziehung zur Krummhörn erkennen und damit ihre Bereitschaft, die Herausforderungen anzunehmen und bei Lösungen die nötige Unterstützung zu geben. Sie stellte auch den Moderator, Folkert Herlyn, vor. Herlyn war in verschiedenen Ländern in leitender Funktion für die Industrie tätig war. Seine enge Beziehung zur Krummhörn hat er jedoch nie verloren.

Weiterhin ging sie ausführlich auf die Bedeutung der Landwirtschaft für den Klimaschutz ein und führte erfolgreiche Beispiele aber auch Barrieren auf. All das verdeutlichte ihr großes Interesse an der Landwirtschaft.

Einleitung und Vorstellung der Podiumsteilnehmer

„In Zeiten des Wandels der Landwirtschaft ist ein Buch über die Aspekte der Geschichte der Krummhörn aus dieser Perspektive eine Bereicherung und förderlich für die Diskussion der Zukunft der Region".
Dieser Satz steht im Geleitwort von Rico Mecklenburg zum Buch von Folkert Herlyn. Im Gespräch zwischen den beiden entwickelte sich dann die Idee zu einem Diskussionsabend über die zukünftigen Herausforderungen der Region mit Unterstützung der Ostfriesischen Landschaft. Wer kann besser über diese Herausforderungen sprechen als ihre Bewohner, die das Land seit Jahren bewirtschaften? Die Landwirte. Sie wollen sicher sein, dass der Deich die nächsten Jahrzehnte hält, die Entwässerung ihrer Länder funktioniert und sie wollen sich mit der Bewirtschaftung der Felder an den Klimawandel anpassen.
Damit war deutlich, welche Teilnehmer und Teilnehmerinnen bzw. Vortragende das Podium haben muss: Die für die Krummhörn Verantwortlichen und Entscheidungsträger. Sie müssen das Notwendige in ihrer jeweiligen Funktion einleiten und langfristig realisieren.
Die Ostfriesische Landschaft hat mit der großen Unterstützung von Dr. Welf-Gerrit Otto als Leiter der Kulturagentur vor allem administrativ und medienwirksam dazu beigetragen, dass die Veranstaltung so positiv angenommen wurde. Dank gilt auch der Bürgermeisterin Frau Hilke Looden, für die Bereitstellung der großen Mensa in der IGS Krummhörn-Hinte mit über 100 Plätzen.

v.L.n.R: Rico Mecklenburg, Reinhard Behrends, Gerd-Udo Heinkens, Milva Iderhoff, Folkert Herlyn, Prof. Frank Thorenz, Bonno Focken, Hilke Looden

Vorstellung der Vortragenden

Frank Thorenz:

Prof. Frank Thorenz, der Verantwortliche für *Generalplanung Küstenschutz Niedersachsen sowie Inselschutzund Vorlandsicherungsmaßnahmen, Honorarprofessor an der TU Braunschweig*, konnte den Stand der Forschung übermitteln und Leitlinien vorgeben.

Gerd-Udo Heikens

In der Verantwortung von Oberdeichrichter und Landwirt Gerd-Udo Heikens liegen rund 55 Kilometer Deichlinie von Borssum (Stadt Emden) bis nach Leybuchtpolder (Stadt Norden), knapp 48.000 Hektar zu schützendes Gebiet mit über 135.000 Bewohnerinnen und Bewohnern. Die Deiche sind zu pflegen und in der Höhe als auch Festigkeit ständig anzupassen. *„Es ist eine seit 1000 Jahren nie endende Aufgabe,"* [1] Ohne Deich kein Land!

Reinhart Behrends

Das Thema der Entwässerung wurde von Reinhard Behrens, Obersielrichter und Landwirt vorgetragen. Hier geht es um 958 Kilometer Verbandsgewässer II. Ordnung und 142 Kilometer Verbandsgewässer III. Ordnung. Weiterhin wird das Sielund Schöpfwerk an der Knock sowie das Sielund Schöpfwerk in Greetsiel betrieben. Darüber hinaus sorgen 22 Unterschöpfwerke für die Entwässerung.[2] Ohne Entwässerung auch kein Land!

Milva Iderhoff

Landwirtin mit Ackerwirtschaft, Mitglied im Arbeitskreis Landwirtschaftlicher Unternehmerinnen, 1. Vorsitzende der Krummhörner Landwirte

„Als Mutter, Demokratin, Deutsche und Europäerin wünsche ich mir, dass die Regierenden sich zu ihrer Verantwortung bekennen und mit ihrem Handeln weniger für den Aufstieg extremer Parteien sorgen." [3]

1 https://www.deichacht-krummhoern.de/public/
2 Deichacht Krummhörn - Herzlich willkommen
3 Frauen geben der Landwirtschaft ein neues Gesicht - Landvolk Niedersachsen Landesbauernverband e.V.

Bonno Focken

Landwirt mit Viehund Ackerwirtschaft, im Ausschuss Deichacht Krummhörn. *„Mein Land liegt 1,5 m unter dem Meeresspiegel. Das ist eine hervorragende Voraussetzung für die Viehwirtschaft. Die Entwässerung auch bei extremen Wetterlagen anpassen zu können, liegt mir sehr am Herzen".*

Udo Alberts-Tammena

Landwirt, Ackerbauund Viehwirtschaft, Ökologische Landwirtschaft.

Deichacht Krummhörn Herzlich willkommen

Alle Links abgerufen am 29.4.2025

https://www.entwaesserungsverband-emden.de/

https://landvolk.net/lpdartikel/frauen-geben-der-landwirtschaft-ein-neues-gesicht/

„Wenn es in 20 bis 30 Jahren keine leistungsfähige Entwässerungsalternative zum Sielen gibt, dann werden Landwirte wie Familie Alberts-Tammena einen Teil ihrer Weiden womöglich nicht mehr nutzen können"[4].

Hilke Looden

Bürgermeisterin der Krummhörn, im Ausschuss der Deichacht Krummhörn*„Gemeinsam Gemeinde gestalten – das ist mein Motto als parteilose und unabhängge Bürgermeisterin der Krummhörn. Hem' ji wusst, dat ik ok Platt proot?.*[5]

Folkert Herlyn

Moderator des Diskussionsabends, Buch Autor und Präsident des Europäischen Instituts für Führungskräfteausbildung (EIIL – European Institute for Industrial Leadership) in Brüssel. In seinem Buch „350 Jahre Krummhörner Landwirtschaft im Schutze des Deiches - mit Perspektive" wirft Herlyn Fragen auf, die viele von uns bewegen[6]. *„Aus dem Buch spricht die Zuneigung des Autors zu seiner Heimat. Er verneigt sich vor den Leistungen, die die Menschen in der Krummhörn in der Vergangenheit und Gegenwart gebracht haben und er stützt die Zuversicht, dass man hier auch die nächsten Herausforderungen wird meistern können.*[7]"

4 https://www.ndr.de/fernsehen/sendungen/panorama3/Nasse-Felder-an-der-Kueste-Entwaesserung-immer-schwieriger,entwaesserung102.html

5 https://hilke-looden.de/2021/05/15/7-fakten-ueber-mich/

6 https://de.everybodywiki.com/Folkert_Herlyn

7 Zitat im Geleitwort Buch Folkert Herlyn, Landwirtschaftsgeschichte: Rica Mecklenburg

8 Herlyn, F. J. (2021). 350 Jahre Krummhörner Landwirtschaft im Schutze des Deiches mit Perspektive, 536 Seiten, Isenseeverlag Oldenburg, ISBN 978-3-7308-1828-2

Ablauf und Ziele

Den Auftakt zur Thematik bildete ein Impulsvortrag von Folkert Herlyn. Die anschließenden Vorträge und Diskussionen zielten darauf ab, verschiedene Sichtweisen darzustellen, das Wissen speziell in Bezug auf die Krummhörn zu erweitern und gemeinsam Schwerpunkte herauszuarbeiten. Nach dem Impulsvortrag haben Vertreterinnen und Vertreter verschiedener Themenbereiche ihre Kernaussagen oder Vorstellungen in etwa 15-minütigen Beiträgen zur Diskussion gestellt.
Diese Zusammenfassung enthält Notizen und Konzeptunterlagen der meist frei gehaltenen Vorträge. Sie dienen dazu die Menschen, die nicht an dem Abend teilgenommen haben, zu informieren, um die Herausforderungen besser zu verstehen und je nach Möglichkeit in ihrer Funktion weiterhin zum Wohle der Menschen in der Krummhörn beizutragen.

Zusammenfassung der nachfolgenden Vorträge

Am 16. Januar 2025 fand in der Integrierten Gesamtschule Pewsum eine Diskussionsveranstaltung zum Thema „Herausforderungen der Landwirtschaft in der Krummhörn – früher, heute und morgen in Zeiten des Klimawandels" statt. Der Initiator und Moderator des Abends und zugleich Mitverfasser dieses Beitrags veröffentlichte unlängst das Buch „350 Jahre Krummhörner Landwirtschaft im Schutze des Deiches: mit Perspektive" im Oldenburger Isensee-Verlag.
Die Veranstaltung unterstrich die Aktualität und die Bedeutung des Themas insbesondere für die geographische Situation der Krummhörn und machte auf die besondere Bedeutung des Küstenschutzes und Entwässerung in diesem Kontext aufmerksam.
Veranstaltet wurde der Abend von der Ostfriesischen Landschaft. Die Regionale Kulturagentur der Ostfriesischen Landschaft widmet sich derzeit verstärkt dem drängenden Thema des Klimawandels. Angesichts der steigenden globalen Herausforderungen und ihrer unmittelbaren Auswirkungen auf die Region wird sich die Kulturagentur intensiv mit der Problematik auseinanderzusetzen und in Kürze das auf drei Jahre angelegte Projekt „KulTour-Innovationen für Ostfriesland" starten.
Das Grußwort der Diskussionsveranstaltung, zu der weit über hundert Teilnehmerinnen und Teilnehmer gekommen waren, wurde vom Präsidenten der Ostfriesischen Landschaft, Rico Mecklenburg, gehalten, der die Bedeutung dieser Diskussionsrunde für die Region und ihre Bewohner hervorhob. Im Verlauf der Veranstaltung kamen verschiedene Referentinnen und Referenten zu Wort, die ihre jeweiligen Perspektiven und Fachkenntnisse zu den Herausforderungen und Lösungen für die Landwirtschaft in der Krummhörn darlegten. Insgesamt wurden acht Vorträge gehalten, die anschließend mit den Gästen diskutiert wurden.
Nach dem Impulsvortrag von Folkert Herlyn, der einen geschichtlichen Überblick bot, folgten Beiträge von Prof. Frank Thorenz, Leiter der Betriebsstelle Norden des Niedersächsischen Landesbe-

triebs für Wasserwirtschaft, Küstenund Naturschutz, sowie von den Landwirten Gerd-Udo Heikens (Oberdeichrichter), Reinhart Behrends (Obersielrichter), der Landwirtin Milva Iderhoff, den Landwirten Udo Alberts-Tammena und Bonno Focken. Abschließend stellte die Bürgermeisterin der Krummhörn, Hilke Looden, die Perspektive der Gemeinde dar.
Im Laufe der Veranstaltung kristallisierten sich die Themen Küstenschütz und Entwässerung als besonders wichtig heraus und ließen für die weiteren Themen weniger Raum.
Küstenschutz: Der beschleunigte Anstieg des Meeresspiegels, der bei fortgesetztem Treibhausgasausstoß bis zum Jahr 2100 voraussichtlich einen Meter höher als heute sein wird, ist eine absehbare Folge des Klimawandels. Vor der industriellen Revolution stieg der Meeresspiegel nur um etwa 25 Zentimeter pro Jahrhundert.
Entwässerung: Leider sind Extremwetterereignisse nur sehr kurzfristig vorhersagbar und verursachen große Unsicherheiten bei der Planung des Entwässerungssystems, das aus Drainagen, Gräben, Kanälen, Schöpfwerken und Sielen besteht. Die begrenzte Speicherkapazität von Gräben und Kanälen erhöht die Gefahr der Überflutung von Landflächen. Es ist aber von entscheidender Bedeutung, nasse Felder zu vermeiden und angesichts längerer Trockenphasen gleichzeitig das Potenzial von Süßwasser zu nutzen, anstatt es in die Nordsee abzuleiten. Die enge Zusammenarbeit zwischen den Landwirten und den Experten der Entwässerung ist für den Erfolg fundamental.

In den Vorträgen wurden anhand konkreter Beispiele die geplanten und angestrebten Maßnahmen vorgestellt. Sowohl staatliche als auch private Institutionen sind daran beteiligt, darunter Forschungsabteilungen der Universitäten Hamburg, Siegen und Oldenburg sowie Behörden in Norden, Aurich, Emden und Hannover. Auch der BUND und das THW sind aktiv eingebunden.
Die vorgestellten Beiträge überraschten mit ihren innovativen Ansätzen zu mehr Flexibilität und Naturschutz. Ein langfristiges Ziel ist dabei der modulare Bau der Deichhöhe. Auf der Landseite des Deiches werden Kleimassen aufgetragen, die bei Bedarf zur schnellen Abdichtung von Löchern oder zur Erhöhung des Deiches verwendet werden können. Betonlösungen sollen vermieden werden, um CO_2-Emissionen zu reduzieren und weil sich Klei besser mit dem Untergrund verbindet. Diese modulare Bauweise ermöglicht es, dass die Technik von regionalen Bauunternehmen und kleinen lokalen Firmen umgesetzt werden kann, anstatt auf Großprojekte mit Beton und Teer zu setzen, was vermutlich überregionale Firmen erfordern würde.
An der ostfriesischen Küste und der Wesermündung gibt es rund 45 Hauptund Mündungsschöpfwerke. Angesichts des erwarteten Meeresspiegelanstiegs und der Zunahme von Starkregenereignissen müssen fehlende Schöpfkapazitäten durch neue, standardisierte und modular aufgebaute Schöpfwerke geschaffen werden, um eine deutlich höhere Betriebssicherheit zu gewährleisten. Bei den bereits bestehenden, jedoch inzwischen veralteten und nicht standardisierten Schöpfwerken ist dringend eine Leistungssteigerung erforderlich.
Die Nutzung und Speicherung von Süßwasser im Binnenland (Retension) ist in Zukunft neben dem Binnenhochwasserschutz eine weitere wichtige Aufgabe der Entwässerungsverbände, um Trocken-

phasen vorzubeugen und Brauchwasser für die Industrie und der Erzeugung sog. grüner Energie (Wasserstoff) vorzuhalten. Dieses bedarf u.a. eine evtl. Änderung der Abflusswege und die Anpassung der notwendigen Schöpfkapazitäten.
(Das Große Meer ist als Ostfrieslands größter Binnensee mit einer Größe von ca. 350 ha Wasserfläche ein Flachsee, dessen Pegelstand durch Siele, Schöpfwerke und Stauwehre reguliert werden kann. Aktuell nutzt der Entwässerungsverband diesen natürlichen See in den Monaten Okt. bis April als sog. Regenrückhaltebecken nach großen Niederschlagereignissen. Diese Möglichkeit der Retension sollte in Zukunft auch ganzjährig möglich sein..)
Die Vorträge zu Küstenschutz, Entwässerung und Landwirtschaft verdeutlichten, dass langfristige Planung über Jahrzehnte notwendig war, um heute fundierte Entscheidungen treffen zu können. Dabei sollten weiterhin Erfahrungen und bewährte Methoden aus der Vergangenheit mit einbezogen werden.
Im Rahmen der einzelnen Vorträge wurde immer wieder an Jannes Ohling (1909-74) erinnert. Ohling war Landwirt und Deichrichter in Ostfriesland. Er setzte sich frühzeitig für die Notwendigkeit größerer Deichverbände und verbesserter Entwässerungssysteme ein. Nach der Sturmflut von 1962 förderte er die Fusion der Krummhörner Deichverbände und trieb den Ausbau der Entwässerungskanäle voran. Seine Bemühungen trugen maßgeblich zum Küstenschutz in der Region bei.
Die Eigentümer der zu schützenden Flächen, die Landwirte, liefern Nahrungsmittel, die weit über den Verbrauch aller Bewohner in der Krummhörn hinausgehen. Das ist ein wesentlicher Beitrag für unsere Gesellschaft, dem unbedingt Wertschätzung gebührt. Es wurde bei der Veranstaltung allerdings deutlich, dass der Produktivitätsanspruch und die Forderungen nach Nachhaltigkeit sich mitunter im Konflikt miteinander befinden. Neue Ansätze im Bereich des Tierwohls und der Auswahl von Produkten und Pflanzen helfen indes dabei, sich sowohl an Dürre als auch an Nässe

besser anzupassen. Erfahrungen aus ökologischen wie auch aus konventionellen Anbaumethoden sollten dementsprechend ausgetauscht werden, um sich gegenseitig zu inspirieren. Für die spezifischen Böden in der Krummhörn werden sich so innovative Wege finden lassen. Das allerdings kann nur im gegenseitigen Dialog geschehen.
Die Diskussionsveranstaltung auf der Krummhörn unterstrich, dass der menschengemachte Klimawandel neue und komplexe Herausforderungen für den Küstenschutz und die Landwirtschaft in der ostfriesischen Küstenregion mit sich bringt. Um diesen Herausforderungen zu begegnen, müssen sowohl bewährte Methoden als auch innovative und nachhaltige Technologien eingesetzt werden. Im Kern geht es um die kontinuierliche Anpassung an die veränderten klimatischen Bedingungen. Ostfriesland hat in der Vergangenheit immer wieder die Unwägbarkeiten der Naturgewalten gemeistert. Diese Erfahrungen befähigen die Region, auch in Zeiten der Klimakrise eine Vorreiterrolle einzunehmen und als Beispiel für andere Regionen zu dienen.
Obersielrichter Reinhard Behrends schrieb nach der Veranstaltung an den Moderator und betonte, dass die überwältigend hohe Besucherzahl, darunter nicht nur Landwirte, gezeigt habe, dass der

Wissensdurst der Gesellschaft hinsichtlich der erwarteten Klimaveränderungen ungebrochen sei. Es sei also notwendig, weiterhin konsequente Öffentlichkeitsarbeit zu leisten, unsere politischen Entscheidungsträger zu informieren und zu sensibilisieren, Fördermittel zu generieren und anschließend Maßnahmen umzusetzen. Dies sei zwar ein Weg, der schon lange beschritten wurde, aber man dürfte nicht ermüden – die Natur werde ihren Weg gehen, mit oder ohne uns Menschen. Es liege an uns, uns anzupassen.

Einführungsvortrag durch Folkert Herlyn, Buchautor

Der Impulsvortrag von Folkert Herlyn beinhaltete eine kompakte Darstellung der historischen Entwicklung der Landwirtschaft, Entwässerung und Viehzucht im Krummhörnerland. Die Präsentation wurde durch historische und aktuelle Fotografien ergänzt, welche die wesentlichen Veränderungen der vergangenen 100 Jahre veranschaulichten. Die Mechanisierung der Melkwirtschaft bis hin zur Nutzung von Robotern führten neben anderen Maßnahmen, wie die Fütterung und Zucht zu Milchleistungen von 5000 kg pro Jahr auf über 20 000 kg pro Jahr. Die Erntearbeiten mit Mähdreschern, welche in einem einzigen Arbeitsgang Mähen, Dreschen und Strohpressen erledigen – verbunden mit der Zusammenlegung von Ackerflächen wurden manuelle Tätigkeiten und zahlreiche Bauerhofgebäude obsolet. Man brauchte die großen Scheunen als Kornspeicher nicht mehr. Die Anzahl der betriebenen Hofgebäude sank in den Dörfern von etwa 10 auf 1–2, während die Produktionsmengen vom Ackerbau durch Maschinen, Dünger und Biozide nahezu verdreifacht wurde.
Nach dem Zweiten Weltkrieg wurden die Deiche erheblich erhöht, verbreitert und teils begradigt, Dabei erreichte man im Bereich der Leybucht Landgewinnung. Im Zuge der technologischen Entwicklung der Entwässerung wurden alle durch Windmühlen betriebenen Schöpfwerke auf ferngesteuerte Motoren umgestellt und das Gewässersystem stetig ausgebaut. Zudem wurden zwei neue Sielund Schöpfwerke in Greetsiel (1956) und an der Knock (1969) in Betrieb genommen.
Die zukünftigen langfristigen Herausforderungen werden u.a. durch den Klimawandel bestimmt, wie zum Beispiel durch höhere Nordseepegel und vermehrte Extremwetterlagen mit Regen, Sturm und Dürre, dem Thema des Diskussionsabends. Hier gilt es sich anzupassen, um weiterhin Viehzucht und Ackerbau betreiben zu können. Ziel des Abends ist es also die Schwerpunkte herauszuschälen.
Referenz: F.j. Herlyn, 350 Jahre Landwirtschaft in der Krummhörn, ISBN 978-3-7308-2250-0

Vortrag von Referent Prof. Frank Thorenz

Leiter der Betriebsstelle Norden Niedersächsischer Landesbetrieb für Wasserwirtschaft, Küsten und Naturschutz.
Verantwortlich für Generalplanung Küstenschutz Niedersachsen sowie Inselschutzund Vorlandsicherungsmaßnahmen, Honorarprofessor an der TU Braunschweig.

Die Klimaanpassungsstrategie im Niedersächsischen Küstenschutz

- Sturmfluten wie 1717, 1825 und auch die in den Jahrhunderten davor waren für die norddeutsche Küste einschneidende Ereignisse, verbunden mit einer Vielzahl von Todesopfern und dem Verlust von Hab und Gut.
- Die Sturmflut von 1953 in den Niederlanden führte auf Grund von Deichbrüchen zu über 1800 Toten (Hollandsturmflut). Diese Sturmflut war Veranlassung für die Aufstellung des Niedersächsischen Küstenprogramms im Jahr 1955.
- Die Sturmflut von 1962 hat an der Niedersächsischen Küste große Schäden an den Deichen verursacht. Insbesondere in Hamburg kam es zu 340 Todesopfern, überwiegend aufgrund von Deichbrüchen. Nach 1962: Verbesserung der technischen Standards, verstärkte Forschung, Verbesserung der Finanzierung und des Deichrechts.

1. Prinzip: Vorbeugender Küstenschutz

Anpassung an Klimawandel bedeutet Vorsorge.
Deichbau erfolgte früher durch Handarbeit, heute mit geeigneten Maschinen Aufgaben des Küstenschutzes heute:

1. Schutz vor Sturmfluten
2. Bestandserhaltung der Inseln
3. ca. 6500 km² Landesfläche sind von Sturmfluten bedroht.
   60% des Küstengebietes in Niedersachsen liegen unterhalb des normalen Tidehochwassers. Deshalb ist der Schutz des Landes bereits bei regulärem Hochwasser essentiell 617 km Hauptdeiche am Festland, 14 Sturmflutsperrwerke und 566 km Schutzdeiche, 97 km Schutzdünen und 35 km Hauptdeiche in Niedersachsen 1,1 Mio. Einwohner leben im überflutungsgefährdeten Küstengebiet

Küstenschutz erfolgt durch ein Küstenschutzsystem aus Inseln mit Stränden, Dünen und Deichen sowie Vorländern, Hauptdeichen und ggf. zweiten Deichlinien.

Salzwiesen und hohe, breite Strände als naturbasierte Küstenschutzelemente reduzieren die Wellenbelastung des Deichs und der Dünen erheblich und müssen erhalten oder wiederhergestellt werden. Hierzu dient auch ein künstlich geschaffenes Deichvorland wie in Campen/Ostfriesland.
Das dynamische Natursystem insgesamt muss beobachtet werden, um die wichtigen Abläufe zu verstehen und die für den Küstenschutz wichtigen Größen wie z.B. Wasserstände und Seegang, aber auch die Höhenveränderungen zu ermitteln.
Der Weltklimarat (IPCC) hat in seinem neuesten Sachstandsbericht aus den Jahren 2021/22 in 3 Bänden mit je über 2000 Seiten eine Studie über wissenschaftliche Grundlagen, Meeresspiegelanstieg, Klimaschutz und deren Auswirkungen herausgegeben.

2. Meeresspiegelanstieg

Der Meeresspiegel ist in den letzten 100 Jahren bei uns um ca. 17-19 cm angestiegen.
Graphische Darstellung (folgende Seite) wie sich die Treibhausgase auswirken über die Zeit anhand verschiedener Szenarien.
Projektionen des globalen Meeresspiegelanstiegs auf verschiedenen Zeitskalen und unter verschiedenen Szenarien zur sozioökonomischen Entwicklung und der damit verbundenen Treibhausgasemissionen.
Roter Graph:
SSP5 8.5 Szenario = Entwicklung auf der Grundlage fossiler Brennstoffe:
Für den Zeitraum von 100 Jahren (bis 2100) Anstieg des Meeresspiegels 0,63 m - 1,02 m) Median 0,77 m.
Der Anstieg geht nach 2100 weiter und kann Größenordnungen von mehreren Metern erreichen.
Die Planung im Küstenschutz berücksichtigt in Abstimmung zwischen Bund und Küstenländern das SSP5 8.5 Szenario. Es wird jedoch vorsorgend bei Planungen bereits jetzt ein Meeresspiegelanstieg von 1 Meter für die nächsten 100 Jahre berücksichtigt.

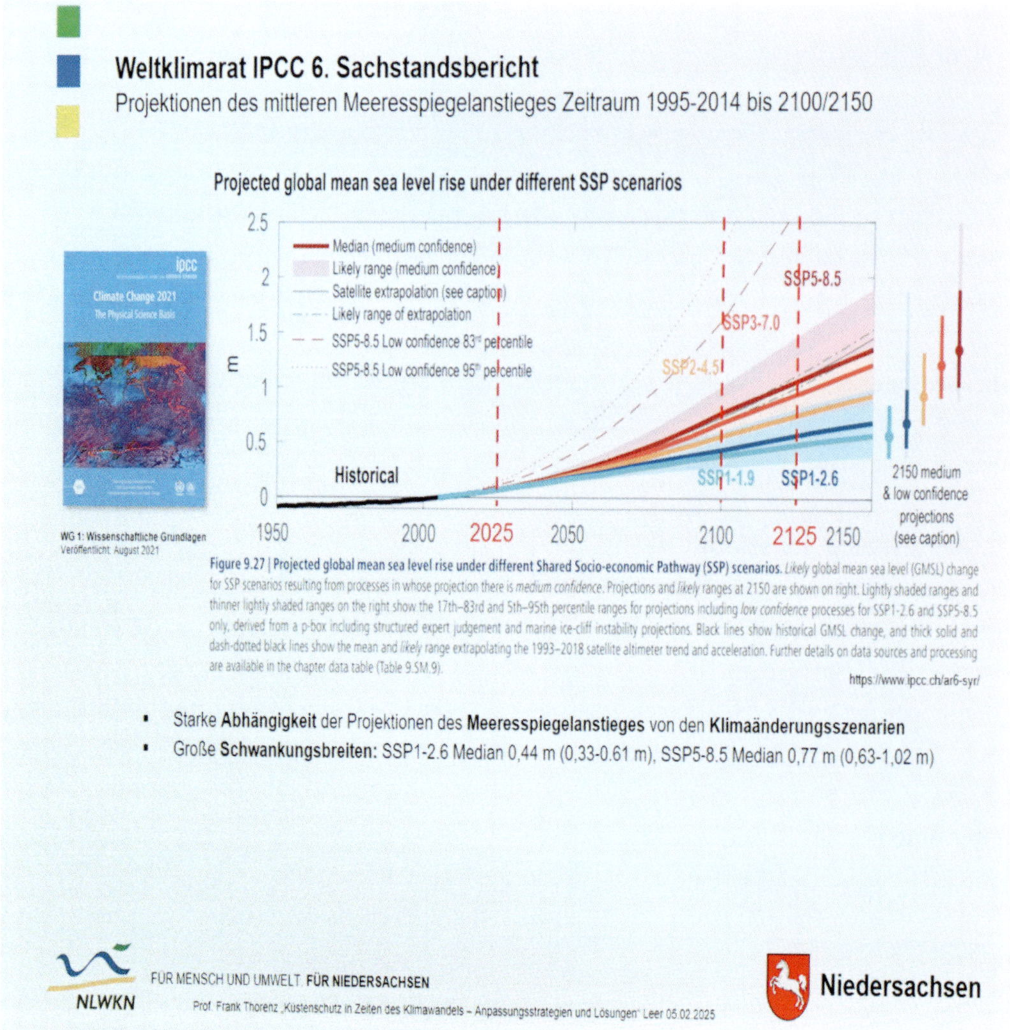

Niedersächsische Anpassungsstrategie an den Klimawandel

3. Handlungsziele:

a) Sicherung gegen Sturmfluten

b) Ganzes Küstenschutzsystem anpassen

c) Generalplanung Küstenschutz

d) Bauen mit natürlichen Baustoffen und Elementen wie Klei und Sand z.B. Kleideichen mit Sandkern, Sandvorspülungen, Dünen und Deichvorländern

e) Grundsatz der nachhaltigen Planungen

f) Deichbau und Küstenschutz braucht Platz

g) Gewinnung der Erdbaustoffe

Zu Punkt c) Generalplanung Küstenschutz: Risikovorsorge durch Hochwasserrisikomanagement

- Sturmflutwarndienst und Hochwassermeldedienst
- Deichverteidigung
- Langfristige finanzielle Absicherung der Küstenschutzmaßnahmen durch als im Grundgesetz definierte Gemeinschaftsaufgabe von Bund und Länder. Für Investitionsmaßnahmen im Küstenschutz zur Anpassung an den Klimawandel stehen in Niedersachsen derzeit ca. 83 Mio. Euro pro Jahr zur Verfügung.

Zu Punkt e) Deichbau und Küstenschutz braucht Platz

Das Niedersächsische Deichgesetz enthält Bauverbote in einer Zone von 50 m hinter dem Deich, um bei notwendigen Anpassungen von Deichen Platz zu reservieren. Ebenso dürfen Schutzdünen nicht bebaut werden. Für das Deichvorland gelten strenge Regelungen zur Nutzung. Diese Regelungen sind sehr bedeutsam, um den Küstenraum auch zukünftig schützen zu können.
Zur Gewinnung von Sand und Klei werden Flächen benötigt. Diese sollten über die Raumordnung gesichert werden, damit diese natürlichen Baustoffe bei Bedarf auch zur Verfügung stehen.

Betrachtungsraum – Verbandsgebiet des I. EVE

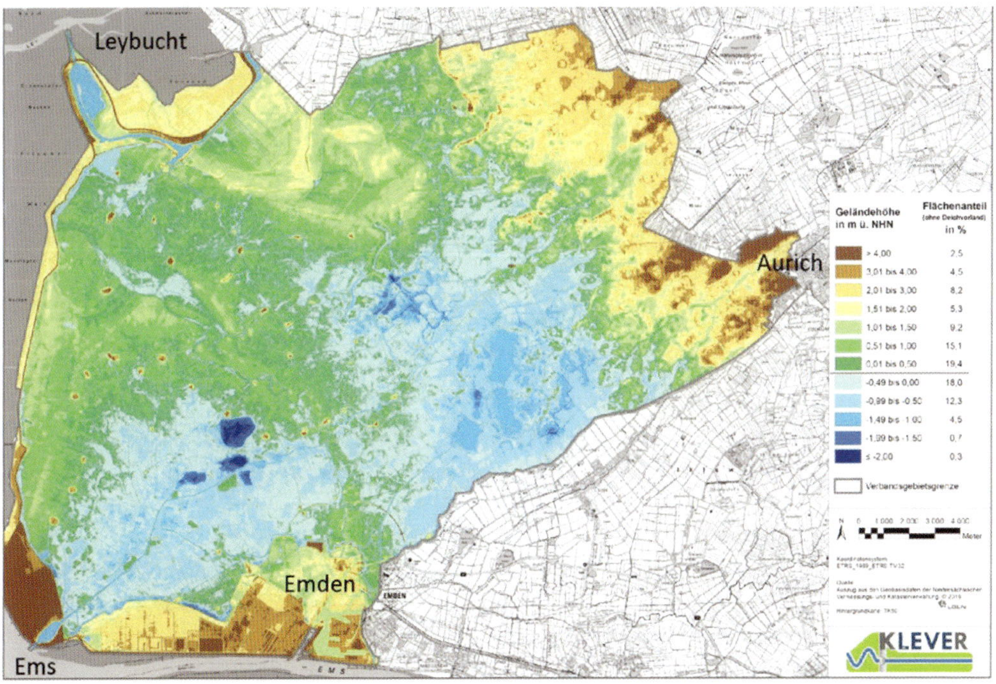

4. Anforderung der Zukunft

Klimadeiche mit nachhaltigen Baustoffen wie Klei und Sand herstellen, dadurch sind sie leicht anpassbar.

Integriert in die Planungen sind heute schon 1 m Meeresanstieg in 100 Jahren

Es besteht das Risiko, dass die Antarktis stärker abschmilzt als bisher und somit der Meeresspiegel schneller steigt.

Auf der Binnenseite wird der Deich mit einer breiteren Berme ausgestattet. Dies geschieht, um bei ungünstigen Entwicklungen den Deich um einen weiteren Meter erhöhen zu können.

Niedersachsen steht im fachlichen Austausch mit England, Dänemark, Niederlande, Hamburg und SchleswigHolstein.

Die Forschung dient der Fortentwicklung des Küstenschutzes durch Förderung des Austausches zwischen allen mitarbeitenden Gremien und der Weiterentwicklung des Kenntnisstandes, um sich den vielfältigen Herausforderungen des Küstenschutzes zu stellen.

Literaturhinweis:

Die Klimaanpassungsstrategie im Niedersächsischen Küstenschutz. Prof. Frank Thorenz, Niedersächsischer Landesbetrieb für Wasserwirtschaft, Küsten und Naturschutz

Vortrag: Reinhard Behrends, Landwirt, Obersielrichter des Entwässerungsverband Emden

1. Binnenhochwasserschutz, das Süßwasser vorm Deich.

Der Betrachtungsraum ist das westliche Verbandsgebiet. Die Krummhörn besteht aus Niederungsflächen, die eingedeicht wurden. Sie sind ein sensibles Gebiet, da große Flächen davon unter dem Meeresspiegel liegen.
Zum Schutz vor dem Wasser wurden erstens Warftendörfer gebaut und zweitens gibt es seit etwa 800 Jahren eine geschlossene Deichlinie. Landwirtschaft, Handwerk und Fischerei waren die größten Wirtschaftsfaktoren der Region. Es gab damals noch keinen großen Arbeitgeber in der Nähe.
In der Nachkriegszeit war die Infrastruktur zerstört, es herrschte Mangelwirtschaft und eine schlechte Versorgungslage in Deutschland. Die Ernährung war nicht sichergestellt und so forderte die alliierte Militärregierung, dass 10 % des Grünlandes in Ackerland umgewandelt wurden. Das waren Niederungsgebiete mit 80 sogenannter Wassermühlen und Unterschöpfwerke zum Schutz vor Sommerfluten.
Das Wasserwirtschaftsamt deichte die Leybucht ein, hauptsächlich in Handarbeit. So wurde der Ort Leybuchtpolder vor 70 Jahren gegründet, welches heutzutage das jüngste Dorf Deutschlands ist. 1956 wurde das Schöpfwerk Greetsiel gebaut.
Dies führte zu einer erheblichen Verbesserung des Binnenhochwasserchutzes sowohl im Bereich der neu eingedeichten Leybucht als auch im gesamten Nordteil des Verbandsgebietes. Großflächige Überflutungen in den Wintermonaten wurden hier ab sofort vermieden. Im Südteil des Verbandsgebietes kam es aber immer noch weiterhin zu Überschwemmungen in den Wintermonaten (man konnte im Winter auf den Flächen Schlittschuh laufen) und es bestand quasi nur die Möglichkeit Sommerungen anzubauen.

Jannes Ohling hat den südlichen Bereich des Entwässerungsverbandes ab 1965 neu geordnet mit dem „Generalplan südliches Verbandsgebiet". Dies führte zur Verbesserung der Bewirtschaftungsfähigkeit und diente damit der Ernährungssicherung. Das Sielund Schöpfwerk Knock wurde 1969 im Rysumer Nacken gebaut mit vier Pumpen, die 15 cbm Wasser pro Sekunde schöpfen. Zeitgleich erfolgt der Ausbau und die Ertüchtigung des Gewässernetzes auf heute insgesamt 1100 km. Es wurden neue leistungsfähigere Unterschöpfwerke gebaut, aktuell bestehen nur noch 22 Unterschöpfwerke.

Die Situation in der Krummhörn verbesserte sich durch Ertragssteigerung im Pflanzenbau und Leistungssteigerung in der Viehwirtschaft. Die Umsetzung des Generalplans war 2002 endlich vollzogen mit Ausbau des Vorflutwegs 1: Knockster Tief von Doodshörn bis Loppersum. Jannes Ohling agierte mit Weitsicht, von der wir heute noch partizipieren.

Ab 1980 kamen mit steigendem Umweltbewusstsein Auflagen durch den Naturschutz. Durch die EU-Politik kam es zu Stilllegungsverpflichtung, Quotenregelung und zur Subventionslandwirtschaft in der Landwirtschaft. Der Entwässerungsverband sah sich damals immer mehr im Konflikt zwischen Entwässerung und Naturschutz.

Notwendige Projekte im Sinne des Generalplans mussten naturschutzfachlich geprüft und angepasst werden. Es gibt erhöhten Flächenbedarf durch Häuser, Industrie, Infrastruktur und Naturschutz, was zu höheren Pachtund Grundstückspreisen führt.

Es erschlossen sich aber auch andere Einnahmequellen durch Tourismus und Erneuerbare Energien, wie Biogas, Solaranlagen und Windenergie. Zukünftig wird Wasser zum begehrten Gut werden, als Trinkwasser, für die Landwirtschaft und Brauchwasser für Industrie und Grüne Energie.

KLEVER-Risk

Carl von Ossietzky Universität Oldenburg | Jade Hochschule | Küste Raum

Die Herausforderungen des Klimawandels: Niederschlag

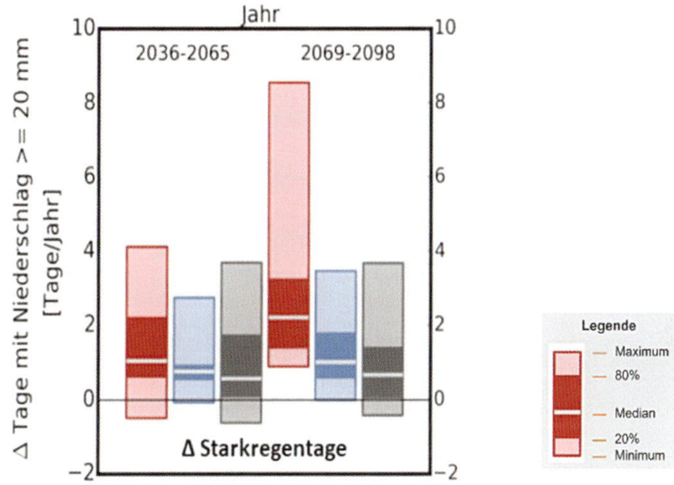

KLEVER-Risk

Carl von Ossietzky Universität Oldenburg | Jade Hochschule | Küste Raum

Die Herausforderungen des Klimawandels: Wasserbilanz

Zunahme des Entwässerungsbedarfs (Simulation)

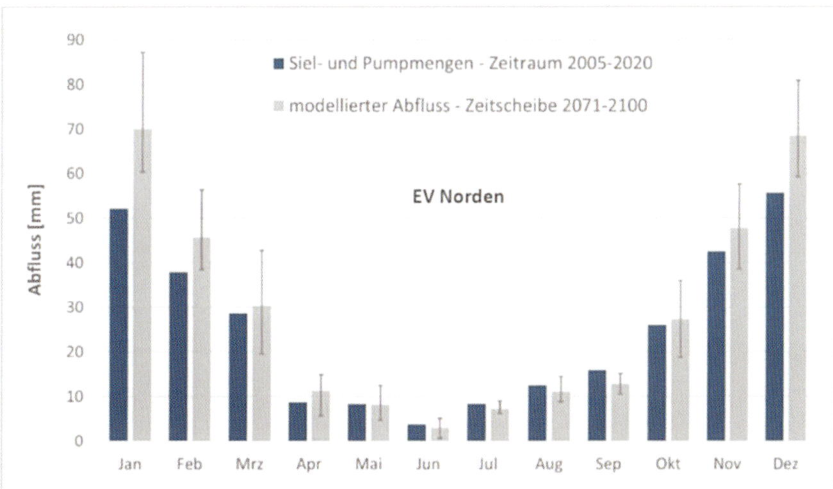

2. Ausblick in die Zukunft

Die Wasserbilanz:

Wasser wird im Sommer knapper und es wird zu mehr Niederschlägen im Winter kommen mit unkalkulierbaren Niederschlagsmengen durch Starkregen, Hagel und Sturm

Der Meeresspiegelanstieg

- Elementarversicherungen und Ertragsausfallversicherungen sind wichtig.
- Höhere Pumpenkapazitäten sind wichtig, es wird weniger Sielen geben.
- Pumpen-Repowering und zusätzliche Pumpkapazitäten in Form von sogenannten modularen standardisierten Schöpfwerken.
- NLWKN Generalplan Sielund Schöpfwerke für ganz Niedersachsen
- Nächster Schritt ist ein Rahmenplan für definierte Projekte und danach deren Umsetzung.
- Die Schöpfwerke sind in die Jahre gekommen und jedes Schöpfwerk ist ein Unikat. Eine Pumpensanierung dauert drei Monate.
- Seit 2017 betreiben wir als Entwässerungsverband eine Windenergieanlage am Schöpfwerk Knock.
- Retentionskapazitäten in den Binnenmeeren nutzen z.B. Großes Meer.
- Es gibt einen Nutzungskonflikt beim Wasser zwischen Industrie, Landwirtschaft und Tourismus.
- Der OOWV fördert 85 Mio. cbm Trinkwasser und wir pumpen Frischwasser aus der Region, das ist auch eine Handlung, die überdacht werden muss.
- Es gibt einen Generalplan für die Siele, in Leyhörn wird eine Anpassung in der Zukunft erfolgen.
- In 40 Jahren wird das Sielen aufgrund des Meerwasseranstiegs nicht mehr möglich sein, Pumpen sind daher notwendig.

Die Weltbevölkerung wächst weiter, es geht aber nur mit der Natur. Wir müssen uns anpassen.

Vortrag Gerd-Udo Heikens, Landwirt, Oberdeichrichter

1. Deichsicherheit

In der verfügbaren Redezeit von 15 Minuten ging Oberdeichrichter Gerd Udo Heikens auf die Sicherheit des Deichbereiches ein, die mit einer Länge von 57 km zwischen Emden und Greetsiel in seinem Verantwortungsbereich liegt.

„Ich glaube, eine große Herausforderung ist es, dass wir bei den Klimaanpassungen mit beiden Beinen auf dem Boden bleiben und nicht in Hysterie verfallen. Wenn wir faktenbasiert darüber reden und von einem Worst Case mit einem halben Meter Meeresanstieg bis 2070 rechnen, dann können wir das schaffen. Wenn wir unsere Arbeit so weiter machen können wie bisher, dann wird das kein Problem für uns. Das muss man aber vernünftig kommunizieren. Wir müssen der Politik klarmachen, dass sie das Geld bereitstellen müssen und den Deichpflichtigen klarmachen, dass wir uns kümmern. Wir müssen faktenbasiert schauen, was das schlimmste Szenario sein kann und danach unsere Deiche bauen".

Die Deiche sind bekanntlich lebenswichtige Schutzbauwerke gegen Sturmfluten und Hochwasser. Die damit verbundenen Herausforderungen sind ergänzend erläutert.

Im Folgenden wird auf Fragen eingegangen, die häufig gestellt werden.

2. Sturmfluten

Starke Stürme treiben das Wasser der Nordsee gegen die Deiche, was zu extremen Wasserständen und Wellenbelastung führen kann, besonders im Dollart. Gefahr besteht vor allem bei Springfluten in Kombination mit starken Orkanen.

Die Deichhöhen sind für diese Fälle ausgelegt und Verbesserungen werden laufend vorgenommen. Beispiele siehe unten.

3. Wellenangriff und Wellenerosion

Hohe und kraftvolle Wellen können die Deckschicht des Deiches beschädigen, insbesondere wenn die Grasnarbe nicht intakt ist.

Mit Schafbeweidung wird die ständige Festigung der Grasnarbe gesichert.

4. Hochwasser und Überströmung

Dass der Wasserstand höher als die Deichkrone steigt und über den Deich fließen könnte wird für die Krummhörn ausgeschlossen. Der Deich ist erheblich höher als ein jemals eingetretener Wasserstand. Auch mittels Modellrechnungen konnte dies bestätigt werden. Das bedeutet aber auch, dass die Deichhöhen ständig überprüft werden müssen, insbesondere im Zusammenhang mit dem Klimawandel (Geschwindigkeit, mit der die Abschmelzung der Pole erfolgt).

5. Böschungsrutschungen

Durch starke Regenfälle oder langanhaltende Nässe könnte der Deich instabil werden. Die Wassersättigung im Deichkörper kann zu Rutschungen führen.
Diese Fälle sind noch nicht eingetreten, da er mit einer Breite von bis zu 100 m sehr flach ausgelegt worden ist.

6. Piping (Wasserdurchsickerung)

Wenn Wasser unter dem Deich hindurchsickert, kann es Sedimente ausspülen und Hohlräume bilden. Dies führt langfristig zur Destabilisierung und möglicherweise zum Deichbruch.
Die flache Konstruktion des Deiches schließt solche Möglichkeiten aus, wie in den letzten Jahrzehnten betätigt wurde. Wichtig ist die regelmäßige sorgfältige Kontrolle.

7. Materialermüdung und Alterung

Materialermüdung und Alterung gilt für die Siele, da Materialermüdung bei Deichen nicht vorliegt. Je älter sie sind, desto stabiler werden sie. Unabhängig davon werden und müssen Beschädigungen sofort beseitigt werden.
„Ich weiß jetzt mehr um die Wichtigkeit des Küstenschutzes. Unser Hof liegt unter dem Meeresspiegel und wenn wir die Deiche nicht hätten, dann würde meine Teetasse auf dem Tisch zwei Mal täglich unter Wasser stehen. Das ist vielen vielleicht gar nicht so bewusst. Ich würde schon sagen, ich bin auch Klimaaktivist. Ich klebe aber nicht auf der Straße. Für den Deichbau ist Klimawandel eigentlich schon seit 1000 Jahren Thema".

Die kommenden Herausforderungen sind:

- Erneuerung des Deckwerkes an der Westseite von Leyhörn
- Erhöhung der Binnenberne des Deiches am Pilsumer Leuchtturm
- Erhöhung des Deiches Hamswehrum /Manslagt über 600 m um 1,5 m
- Deicherhöhung Verlegung am Rysumer Nacken
- Lösung für seeseitige Entwässerung an der Deichtreppe Loquard
- Abschluss der Sanierungsund Anpassungsarbeiten an der großen Seeschleuse im Emder Hafen

Vortrag Milva Iderhoff, Landwirtin, Ackerbau konventionell

Der landwirtschaftliche Betrieb umfasst 180 ha. Vorwiegend werden Weizen, Gerste, Raps, Mais, Ackerbohnen, Zuckerrüben und Kartoffeln angebaut. (Im Folgenden werden Zitate kursiv gedruckt).

Ziel der Landwirtschaft: „Unsere Aufgabe ist Menschen zu ernähren. Wir werden dies auch nie CO_2-neutral hinbekommen, unabhängig davon, ob biologisch oder konventionell bewirtschaftet wird, denn es ist ein Eingriff in die Natur. In beiden Bewirtschaftungsformen geht es um das Erntegut zur Ernährung.

Effizienz und CO_2 Emission:

Die Effizienz ist bei der Bewirtschaftung der Betriebe – egal ob konventionell oder biologisch, das Wichtigste. Bei dem CO_2-Ausstoß pro Tonne Getreide und pro Liter Milch sind wir in Deutschland wesentlich weiter als in anderen Ländern wie zum Beispiel in Afrika und Asiens[1]. Natürlich kann die Landwirtschaft noch viel leisten, aber ich wehre mich gegen die Priorität auf CO_2-Speicherung im Boden zu setzen. Wir streben an, den Humus aufzubauen, aber in einem Prozess wie der Landwirtschaft, ist es immer ein Abund Aufbau. Der Boden soll geben und wir geben dem Boden wieder etwas zurück. Die Landwirtschaft muss als Kreislaufwirtschaft verstanden werden. Durch Spezialisierung haben wir dieses Potenzial vielleicht noch nicht ausgeschöpft.

Es entstanden auch Forderungen, die Tierhaltung abzuschaffen, da sie klimaschädlich sein soll (Klima-Killer-Kuh). Inzwischen ist in der Literatur eine Gegenbewegung mit guten Argumenten zu finden, die bei der Gesamtbetrachtung aller Aspekte zu anderen Schlüssen kommt.

Wir brauchen die Tierhaltung in einem Kreislaufsystem, besonders in der Krummhörn, um Mineraldünger zu reduzieren und niedrig gelegene Böden zu festigen. Das ist dort notwendig, wo aufgrund der niedrigen Lage zum Meeresspiegel nur Weidebetrieb möglich ist. Dann lässt sich auch dieses niedrig gelegene Land für die Ernährung nutzen. Mit Tierhaltung ist das Grünland sowohl ein effektiver CO_2-Speicher als auch produktiv für die Ernährung – vor allem durch Milchprodukte.

1 https://www.milcherzeugerverband-bayern.de/news/news-detail/news/aus-dem-netz-gefischt-co2-fussabdruck-bei-milch/

Tiere sind nicht nur da, um Dünger zu produzieren, sondern die Tierhaltung ermöglicht uns, 365 Tage im Jahr Lebensmittel zu produzieren. Das kann der Ackerbau nicht.
Eine Kreislaufwirtschaft besteht auch bei Ackerböden durch Nutzung der „Abfälle": Zweidrittel des dem Boden entnommenen Produktes wird zu Biomasse verarbeitet und kommt der Tierhaltung zugute. Das andere Drittel des Ackerbaus ist für die Ernährung.

Spürbare Auswirkung des Klimawandels

Schadinsekten:
Der fortschreitende Klimawandel hat nicht nur direkte Auswirkungen auf die Anbaubedingungen, z. B. durch Spätfröste, Wasserknappheit und Extremwetterereignisse, sondern verändert auch indirekt die Bedingungen für Schadinsekten. Er begünstigt auch die stärkere Vermehrung und Ausbreitung wärmeund trockenheitsliebender Schadinsekten in immer neuen Bereichen.
Die Höchsterträge von Raps haben nachgelassen, besonders beim Winterraps. Ursachen sind unter anderem die früh beginnende Wärme zum Beginn des Jahres, die zu vermehrtem Schädlingsbefall durch Rapsglanzkäfer führen.[2]
Raps braucht in der frühen Wachstumsphase bestimmte Temperaturbereiche in einem vorgegebenen Zeitrahmen. Er gehört zu den Pflanzen, die besser wachsen, wenn sie einmal Temperaturen unter 5 Grad Celsius gespürt haben. Die Fachleute bezeichnen diese positive Reaktion auf Kältereize als Vernalisation[3]. Mit dem Klimawandel verschieben sich die Zeiten, oder fallen zu kurz aus, was z.b. Anpassung bei der Düngung erfordert. Rüben und Kartoffeln leiden zunehmend unter der Schilf-Glasflügelzikade. Mit ihren Saugaktivitäten an der Nährstoffleitbahn der Pflanzen übertragen die Zikaden spezielle Bakterien. Eine Infektion kann zu verminderten Mengenerträgen und einem um bis zu 40 % reduzierten Zuckergehalt bei Rüben führen. Die Zikade stammt ursprünglich aus den mediterranen Ländern, ist aber im Laufe der letzten Jahre bis nach Niedersachsen vorgedrungen.
„Daher sind vor allem die Sorten an den Klimawandel anzupassen, was noch nicht immer gelingt. Die Versuche, die Verluste mit mehr Dünger auszugleichen sind keine Lösung. Erforderlich sind eine technologisch offene Forschung und Züchtung sowie eine schnellere Zulassung von geeigneten Pflanzenschutzmitteln.

2 https://www.topagrar.com/acker/news/raps-blueht-frueher-schaedlingsbefall-nimmt-durch-klimawandel-zu-13267058.html

Frost:
Im Vergleich zu früheren Zeiten mit mehr Frost gab es im Winter stärker steigende Produktpreise, insbesondere vor Weihnachten. Ein Grund dafür waren zugefrorene Häfen, während dessen kein Getreidetransport möglich war. Da heute viele Häfen offenbleiben, haben sich die Preise abgeflacht, was dem Verbraucher nutzt.
Die Klimaveränderung zwingt zu einer Verschiebung von Winterzu Sommergetreide (von Winterung zu Sommerung). Wintergetreidesorten werden im Herbst ausgesät, überdauern den Winter mit der Kälteperiode auf dem Feld und blühen im darauffolgenden Frühjahr. Die Kälteperiode fördert einen ertragreicheren Wuchs im Frühjahr. Da Kälteperioden jedoch nicht vorhersehbar sind, bleibt das Risiko, abzuschätzen, ob mehr Winteroder Sommergetreide angebaut werden sollte. Auch hier muss die Forschung Lösungen liefern, um die Produktivität zu verbessern.

Klimaveränderungen in anderen Ländern treffen auch die Krummhörn: Dazu das Beispiel Ukraine, wo es mehr und mehr zwei Ernten gibt.

Versicherungen:
Um die Schäden durch Extremwetter auszugleichen, ist davon auszugehen, dass die Ernteversicherungen steigen werden.

Schlussbemerkung

Durch den Klimawandel werden Flächen verloren gehen, die man kompensieren muss. Das geht u.a. durch mehr Effizienz. Das bedeutet, dass die vorhandenen Flächen effizienter genutzt werden müssen. Die Bewirtschaftung muss professionell erfolgen, ob biologisch oder konventionell. Es bleibt damit auch mehr Raum für die Natur. Aber eine flächendeckende Extensivierung ist aus meiner Sicht immer schlecht.
Die Landwirtschaft ist unter enormen Druck. Die Notwendigkeit, Emissionen von Methan und Stickoxiden zu senken, sollte aber relativiert werden. Der Anteil der Treibhausgas-Emissionen zur Ernährung der Menschen ist 9.2 % bezogen auf die Gesamtemission zur Atmosphäre[4]. Dagegen ist der Anteil der fossilen Brennstoffe durch Kohle-, Ölund Gasindustrie über 75 Prozent. Es ist Aufgabe der Politik die richtige Prioritäten zu setzen.

3 https://www.ufop.de/agrar-info/verbraucher-info/wo-waechst-das-rapsoel/der-raps-auf-dem-feld/
4 https://www.umweltbundesamt.de/daten/land-forstwirtschaft/

Vortrag von Bonno Focken, konventionelle Landwirtschaft mit Ackerbau und Viehzucht

Unser landwirtschaftlicher Betrieb liegt in Siegelsum. Unsere Flächen teilen sich zur Hälfte in Grünland und Ackerland auf. Der Betrieb wird seit 1780 in der siebten Generation bewirtschaftet.

Der Klimawandel erfordert von uns eine ständige Anpassung, wie die folgenden Beispiele zeigen.

Entwässerung: Eine Entwässerung der Ländereien ist notwendig, da sie zwischen 0,5 m unter und 1,5 m über NN liegen. Ohne die Entwässerung des Regenwassers könnte hier keine Landwirtschaft mit Ackerbau und Viehzucht betrieben werden. Drainagerohre in den Feldern leiten das Wasser in Gräben, von wo aus es in den Kanal fließt. Bei Ebbe gelangt es auf natürlichem Wege in die Nordsee; bei einem höheren Nordseepegel muss es mittels Pumpen gefördert werden. Dem Entwässerungsverband gelingt es, einen gefüllten Kanal innerhalb eines Tages um 80 cm abzusenken. Das setzt eine starke und zuverlässige Pumptechnik voraus.
Allerdings erleben wir in den letzten Jahren immer häufiger trockene Sommer, sodass auf den Feldern nicht genügend Futter für die Kühe wächst und Zukauf erforderlich ist.

Kaum Frost: In den letzten 34 Jahren gab es keinen strengen Frost. Deshalb bauen wir weniger Sommerkulturen an und sehen den Anbau eher im Herbst vor, da wir im Frühjahr bei Nässe nicht auf das Land kommen.
Für die Kühe wird ein Offenstall mit Windschutz auf drei Seiten genutzt. Bei Weidegang kommen die Kühe selbstständig in den Stall, um sich bei Hitze im Schatten aufzuhalten und sich bei Nässe vor Regen und Kälte zu schützen. Wir kommen ohne geschlossene Ställe, wie man sie früher gebaut hat, aus.

CO_2-Speicherung: Ostfriesland ist als Grünlandstandort begünstigt. Grünland speichert CO_2 und wird für die Produktion von Nahrungsmitteln genutzt. Die niedrige Lage des Landes und die Nähe zum Meer mit höherer Luftfeuchtigkeit und Regen führen zu einem starken Wachstum. Subventionen und Verordnungen haben Auswirkung auf den Anbau und die Nutzung.

Tierschutz gegen Krankheiten: Eine Folge des Klimawandels ist die Übertragung der Blauzungenkrankheit durch Gnitzen. Sie führt zu erheblichen Verlusten bei den Kühen, zu Aborten und zu einer Minderung der Milchproduktion. Da der Frost im Winter ausbleibt, sterben die Gnitzen nicht ab. Wichtig sind die Behandlung der Rinder gegen die Übertragung von Krankheiten durch Fliegen sowie die Impfung gegen Blauzungenkrankheit.
Auf Spiekeroog haben Urlauber aufgrund einer Mückenplage ihren Urlaub abgebrochen.

Anpassung erfordert Investitionen. Die effiziente Ausbringung von Gülle bei gleichzeitiger Reduzierung von Emissionen erfordert die Nutzung von Pralltechnik (1990) und Schleppschläuchen (2024). Dies erfordert erhebliche Investitionen. Ein wichtiger weiterer Effekt war die Einsparung von Mineraldünger, was bei der Herstellung CO_2 freigesetzt hätte. Die Investitionen müssen sich durch einen guten Milchpreis rechtfertigen lassen.

Der Landwirt muss flexibel sein, um die Produktion von Nahrungsmitteln (Milch, Fleisch, neue Feldfrüchte) einerseits dem Bedarf und andererseits den neuen Möglichkeiten und Technologien in der Produktion anpassen zu können.
Es ist notwendig, dass die Nutzung von Gentechnologie wie CRISPR/Casin staatlicher Hand bleiben.

Wertschöpfung:
Die Stellung der Landwirtinnen und Landwirte in der Lebensmittelversorgungskette muss gestärkt werden, um den Mehrwert gerechter zu verteilen.
(siehe auch Lebensmittelversorgungskette: Fairere Bedingungen für Landwirte Consilium)

Vortrag Udo Alberts-Tammena, Landwirt, ökologisch

Seit 15 Jahren betreiben wir ökologische Landwirtschaft auf Longewehr. Der Betrieb liegt mit einem Viertel der Flächen 1,60 m unter dem Meeresspiegel. Wir bewirtschaften fast ausschließlich Grünland, nur wenig Ackerland. Wir haben ein eigenes Schöpfwerk in Longewehr, das Wasser in den Abelitz-Moordorf-Kanal pumpt.

Aber bei Starkregen werden wir das Wasser nicht los. Das Wasser dreht sich im Binnenland im Kreis, wenn nicht geschöpft wird. Klimatische Veränderungen sind spürbar: zum Beispiel nutzen meine Kinder weniger die Schlittschuhe als wir es taten.

Wir müssen uns eine Strategie bei Nässe und eine Strategie bei Trockenheit überlegen.

Die Dränagen, die Entwässerungsgräben, die Pumpen und die Schöpfwerke müssen in guter Verfassung sein. Es gibt neue Anforderungen bei der Maschinenausstattung.

Wir müssen den Erntezeitpunkt bei Gras überdenken, lieber später mähen, obwohl die Milchleistung der Kühe dadurch abfällt.

Breite Reifen mit geringerem Druck fahren.

Bioland fordert Erntevorräte von einem Fahrsilo.

Bodenfruchtbarkeit ist mit Festmist und Gülle zu verbessern.

Einsatz von Leguminosen wie Rotklee, Weißklee und Luzerne für die Milchproduktion.

Wir müssen für eine gute Bodenstruktur sorgen, damit der Boden Starkregen aufnehmen kann.

Wie müssen den Humusaufbau des Bodens vorantreiben und auf bessere Befahrbarkeit achten.

Auf unserem landwirtschaftlichen Betrieb waren früher Holstein-Frisian Kühe, heute kreuzen wir mit Jersey ein, die leichter und trittsicherer sind. Wir nutzen die Rasse Pro Cross, eine drei Rassenkreuzung aus Holstein Frisian, Montbeliarde und Rotvieh. Entweder kommt das skandinavische Rotvieh zum Einsatz oder das australische Rotvieh, das besonders hitzetolerant ist.

Unser Ziel sind 240 Tage Weidegang,

Die Holstein-Frisian Kühe haben Probleme mit der Hitze. Hier helfen Ventilatoren und Sprinkleranlagen in den Ställen. Wir nutzen Grünlandtechnik zur Nachsaat. Mit der Schlitztechnik werden Grassamen in das vorhandene Grünland eingeschlitzt. Im ersten Jahr bauen wir auf dem Ackerland Kleegras an und im 2. Jahr Ökomais mit Untersaaten. Nach der Ernte des Ökomaises können noch die Untersaaten genutzt werden.

Die Landwirtschaft steht vor großen Herausforderungen. Wir müssen mit den Bedingungen auskommen.

Vortrag Hilke Looden, Bürgermeisterin, Krummhörn

Schon vom ersten Tag des Bestehens der Gemeinde Krummhörn, die im Jahr 1972 gebildet wurde, waren auch Landwirte im Rat vertreten. Das heißt, die Landwirte haben sich auch schon immer als Vertreter Ihres Berufsstandes verstanden und waren und sind bereit, sich dafür einzubringen.

Dass das in jedem Fall sinnvoll und geboten ist, wird schnell deutlich, wenn man sich klarmacht, dass jede gemeindliche Planung, die mit Flächenverbrauch verbunden ist, auch die Landwirtschaft betrifft. Das betrifft die Ausweisung von Neubaugebieten, Straßenund Wegebau (z.B. auch aktuell: Flurbereinigung, die Ausweisung

von Sondergebieten für Windenergie und Freiflächen-Photovoltaik, die Verlegung von Leitungstrassen jeglicher Art, die Unterhaltung der Wirtschaftswege (oft auch = Fahrradwege), aber auch Kompensationsflächen, die nur noch bestimmte Nutzungen zulassen bzw. nicht zulassen und nicht zuletzt die Ausweisung von Naturschutzgebieten. (Beispiel: Die Erhaltungszone des Biosphärenreservates wurde abgelehnt.)

Hier sei anzumerken, dass in unserer Gemeinde (wie sicher in vielen Gemeinden) der größte Teil der Flächeneigentümer nicht gleichzeitig auch die Bewirtschafter sind.

Oder kurz: Die meisten Landwirte wirtschaften auf Pachtland. Und da sind dann die Interessen des Landeigentümers nicht unbedingt deckungsgleich mit denen des Pächters. Daraus erwächst dem Gemeinderat durchaus eine Verantwortung, dies bei Entscheidungen, die landwirtschaftliche Flächen betreffen, mit zu berücksichtigen.

Die Landwirtschaftlichen Betriebe müssen und mussten sich schon immer flexibel auf stetigen Wandel einstellen, um über Generationen bestehen zu können.

Gesellschaftlich = Anforderungen an Lebensmittel und Tierwohl, Arbeitskräfte; Technisch = Maschinen, Digitalisierung; Klimaveränderungen = Wetter mit Turbo, Resistenzen, Veränderung in der Artenzusammensetzung und der Anbaupflanzen (z.B. Mais)

So hat sich auch die Größe und Effizienz der Maschinen im Laufe der Jahrhunderte stark verändert. Das ist einerseits gut, weil man mit wesentlich weniger Zeitund Personalaufwand viel mehr schaffen kann. Andererseits muss man auch feststellen, dass die Infrastruktur, hier die gemeindlichen Wege, nicht mit dem Tempo mitgewachsen sind und die Lasten der großen, schweren Maschinen und Fahrzeuge nicht tragen können, ohne Schaden zu nehmen. (Das ist nicht immer konfliktfrei zwischen Gemeinde und Landwirten)

Aber nicht nur das Wetter, sondern auch schwankende Erzeugerpreise auf dem Weltmarkt machen das Leben in der Landwirtschaft schwer. Das sind oft echte Probleme! Da war es für viele Betriebe vor einigen Jahren ein willkommenes zusätzliches Standbein, in die Windenergie zu investieren, oder sich zumindest daran zu beteiligen.

Ich würde sogar so weit gehen zu behaupten, dass es einige landwirtschaftliche Betriebe ohne die Windenergie in unserer Gemeinde heute nicht mehr gäbe.

Aber auch die Gemeinden selbst und damit letzten Endes jede Bürgerin und jeder Bürger profitieren von der Gewerbesteuer und demnächst auch von der Akzeptanzabgabe und der möglichen Bürgerbeteiligung. Dennoch kann man sagen, die Windenergie hat unsere Landschaft nachhaltig verändert. Gleichzeitig ist sie für die jüngeren Generationen Teil ihrer Heimat, die sie bereits von Geburt an nur mit den überall in der Gemeinde verteilten Windmühlen kennen... und hoffentlich lieben. Einige ältere Einwohner vermissen die freie Weite der Landschaft, die sie noch von früher kennen. Von den Touristen kommt allerdings nie Kritik an dieser Form der Diversifizierung landwirtschaftlicher Betriebe. Dennoch sind auch hier Augenmaß und abgewogene Entscheidungen geboten, um die Krummhörner nicht zu überfordern.

Auch mit dem Naturschutz setzen sich die Landwirte, von Haus aus und zunehmend auch vom Gesetzgeber erzwungen, auseinander. Dabei darf man auch mal fragen, ob gut gemeint, nicht manchmal das genaue Gegenteil von gut ist. Wir sehen das in unserer Gemeinde eindrücklich am Freepsumer Meer, wo der Vogelschutz erst wirksam wurde, als man den Landwirten und Jägern endlich Glauben schenkte und ihre fachliche Unterstützung angenommen hat. In dieser Reihe kann man sicher auch das Gänseproblem und die unkontrollierte Ausbreitung des Fuchses nennen. Wenn Vorschriften von Flächenstilllegungen, Artenschutz und unverhältnismäßig breiten Gewässerrandstreifen dazu führen, dass Felder nicht mehr bewirtschaftet werden, Entwässerungsrinnen zugeschüttet und Felder zusammengelegt werden und damit (in heutiger Zeit!) die Entwässerung erschwert wird, muss man auch sagen dürfen: Das ist nicht gut und richtet langfristig großen Schaden an... nicht nur wirtschaftlich beim Bauern, sondern auch in Bezug auf die Tierund Pflanzenwelt und die Umwelt im Allgemeinen. Ich wünsche mir, dass man hier mehr auf den Sachverstand der Fachleute zurückgreift, bevor so entscheidende Maßnahmen ergriffen werden.

Was hat die Gemeinde von der Landwirtschaft? Mal davon abgesehen, dass man fragen darf, ob diese Frage überhaupt zulässig ist, sorgen die Landwirte in der Krummhörn und überall für die Versorgung unserer Bevölkerung, sie pflegen unsere Kulturlandschaften und bringen sich vielfältig in das Dorfleben mit ein. Da wird mal eine Scheune oder eine Halle zur Verfügung gestellt, ein Trecker eingesetzt, ein Maibaum transportiert... und vieles mehr.

Krummhörner und Touristen freuen sich an den gepflegten Feldern unserer Kulturlandschaft und daran, dass man hier noch schwarzbunte Kühe grasen sehen kann. (wie lange noch?)

Aber auch wir als Gemeindevertreter müssen uns fragen, ob stetig mehr Flächenverbrauch noch zeitgemäß ist. Unsere Einwohnerzahl wächst nicht, aber die Frage nach neuen Baugebieten ist (zumindest in Zeiten guter Konjunktur) ungebrochen. Da ist es vielleicht ganz gut, dass das regionale Raumprogramm vorgibt, für neue Bauplätze nicht noch weitere Flächen aus der landwirtschaftlichen Nutzung zu nehmen, sondern auf Nachverdichtung in Dörfern zu setzen!?

Dass wir uns in unserer Gemeinde kürzlich gegen die Ausweisung einer landwirtschaftlichen Fläche für die Nutzung von Freiflächen-Photovoltaikanlagen entschieden haben, ist keine Entscheidung gegen den Klimaschutz. Es ist eine Entscheidung für die landwirtschaftliche Nutzung, und solange nicht noch jedes Dach, bei dem es möglich ist, mit einer PV-Anlage ausgestattet ist, gibt es für mich

auch keine wirklichen Argumente dafür, wertvolle landwirtschaftliche Flächen mit Freiflächen-PV-Anlagen zu bestücken.
Aber in Zeiten des Klimawandels muss auch die Frage erlaubt sein, ob „Wachsen oder Weichen" noch das richtige Motto ist, oder ob es eher dazu führt, dass wir perspektivisch alle weichen müssen?
Damit meine ich nicht stehen zu bleiben, oder wenn, dann nur kurze Zeit, um zu überdenken, ob wir noch in die richtige Zukunft laufen.

Wäre es nicht besser, den ländlichen Raum und die Regionalität wieder selbstbewusster zu vertreten und zu beleben und dafür auch die nötige politische und finanzielle Unterstützung einzufordern? Müsste es nicht möglich sein, dass ein Bauer, ein Schlachter, ein Bäcker, ein Lebensmittelhändler, eine Molkerei in unserer Gemeinde ansässig sind und von dort die Bürger versorgen und damit auch ihren Lebensunterhalt verdienen können. Müsste nicht auch ein Bauer, der hundert Kühe hat, damit seinen Lebensunterhalt verdienen können?
Ist das irreale Träumerei oder in Zeiten des Klimawandels und des CO2 Fußabdrucks
ein denkbarer Weg.
Ich denke darüber zu diskutieren lohnt sich auf jeden Fall.

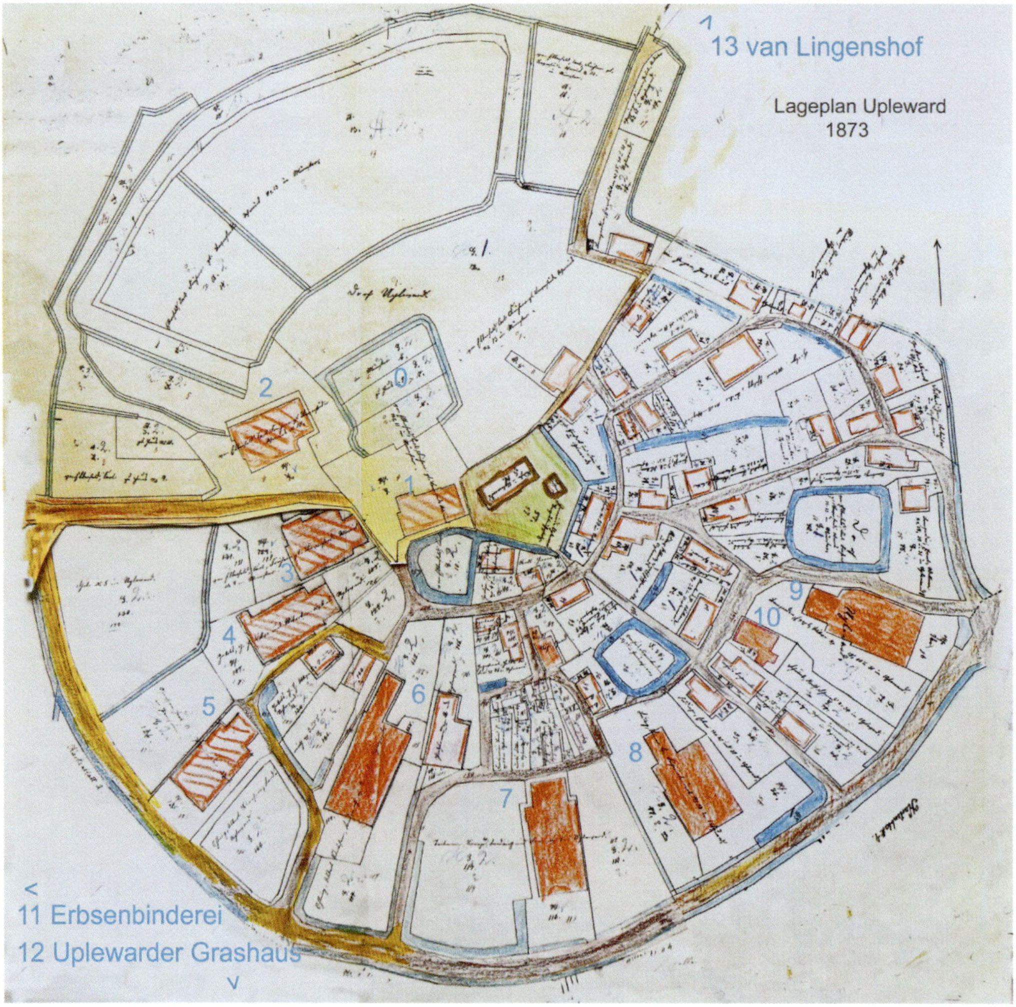

Lageplan von Upleward von 1873. Bemerkung: Die Höfe 11,12,13 sind außerhalb dieses Lageplan ausschnittes

Dank den Mitwirkenden

Udo Alberts-Tammena	Vortrag
Reinhard Behrends	Vortrag
Bonno Focken	Vortrag
Brigitta Heck	Notizen
Gerd-Udo Heikens	Vortrag
Milva Iderhoff	Vortrag
Hilke Looden	Begrüßung, Vortrag,
Rico Mecklenburg	Begrüßung, Ostfriesische Landschaft
Welf-Gerrit Otto, Dr.	Koordination Ostfriesische Landschaft
Michael Schildmann	Edition, Drucksatz
Frank Thorenz, Prof.	Vortrag
Cai-Olaf Wilgeroth	Koordination Ostfriesische Landschaft

5 Gründe warum Schafe für unsere Deiche ideal sind![1]

- *Schafe halten die Grasnarbe dicht: Sie haben einen tiefen Biss und halten das Gas sehr kurz.*
- *Schafe sorgen für die Stabilisierung der Deiche: Durch die bessere Bestockung werden auch die Graswurzeln kompakter und stabilisieren die Erde.*
- *Vorsicht Määäharbeiten: Schafe „mähen" die grünen Halme gleichmäßig ab.*
- *Mit Druck und Trippelschritt: Schafe haben ein optimales Verhältnis von Körpergewicht zu Klauengröße und verfestigen die Grasnarbe.*
- *Schafe sind die besten Deichschützer: Im Gegensatz zu Kühen und Pferde treten Schafe mit ihren kleinen Füßen keine Löcher in den Deich. Wühlmäuse und Maulwürfe können dadurch keine Löcher in den Deich graben.*

1 Deichschafe an der Nordsee | Schaffreundschaft in Dornum

Auf manchen Flächen in der Krummhörn ist nur Weidewirtschaft möglich, weil das Land niedrig liegt.
„Kühe im Marschland sind mehr als Nutztiere – sie sind Landschaftspfleger, Biodiversitätsschützer, Wirtschaftsfaktor und Kulturgut zugleich."[2]

2 https://chatgpt.com/c/685afe53-44a0-8003-9332-d914b0a4a02f abgerufen am 23.6.2025

Sonnenaufgang in der Hauener Pütten (Foto auf der Einladung zur Veranstaltung in der Krummhörn, Ostfriesland am 16.1.2025)

„Bislang wurden 28 Brutvogelarten identifiziert. Darunter Blaukehlchen, Bartmeise, Rohrweihe, Flussregenpfeifer, Sandregenpfeifer, Rotschenkel und Flussseeschwalbe“[3].

3 https://www.birdingplaces.eu/de/birdingplaces/germany/hauener-puttenabgerufen am https://www.birdingplaces.eu/de/birdingplaces/germany/hauener-putten abgerufen am 30.6.2025